수달이랑 꽁냥꽁냥

차례

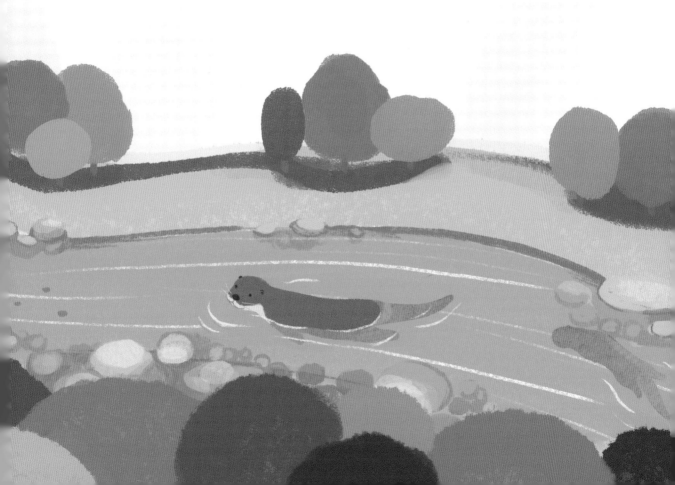

수달
너는 누구니?

　수달은 1m가 넘는 포유류로 몸은 물속에서 헤엄을 잘 칠수 있도록 유선형으로 진화하였어. 물 속에서는 소리를 듣는 것보다 물고기를 잘 봐야 하기 때문에 귀는 작게 변해서 물이 들어오는 것을 최대한 막고, 눈은 다른 육식동물과 마찬가지로 앞으로 쏠려 물고기를 끝까지 놓치지 않게 발달하였어.

　만약 어두운 곳에서 보이지 않을 때는 어떻게 물고기를 잡아 먹을까? 어두운 곳에 있는 물고기를 확인하기 위해서 수달은 수염의 감각을 이용해 물고기가 어디에 있는지 어디로 갔는지 물의 흐름을 느낄 수 있어. 이를 이용해서 물고기를 사냥하는 거야. 친구들과 하천이나 강에 갔을 때 물고기를 잡아봤을 거야. 물고기가 사람을 피해 도망갈 때 너무 빨라서 어디로 갔는지 모를 때가 많지.

4

그런데 수달은 어떻게 물고기를 따라가서 잡아먹을
수 있을까? 수달은 몸이 유선형일 뿐만 아니라 다른
동물과 달리 꼬리가 아주 두꺼워서 꼬리를 저으면서
추진력을 얻을 수 있어. 게다가 발가락엔 물갈퀴가 있
어 더 빨리 헤엄칠 수 있지. 그래서 물고기보다 더 빨
리 헤엄치면서 물고기를 잡아먹을 수 있도록 진화한
거야. 수달은 사람과 마찬가지로 앞, 뒷발 모두 5개의
발가락이 있어. 앞발과 뒷발을 비교해 보면 뒷발이 앞
발에 비해 좀 더 커. 사람이 손 보다 발이 더 큰 것처
럼. 그래서 수달이 헤엄칠 때 발을 한번 치고 나서 몸
을 흔들면서 꼬리의 힘으로 수영하는 것을 볼 수 있어.

앞발

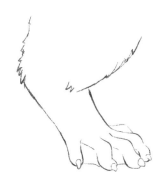

뒷발

나는
굴에서 태어나

수달 가족을
소개합니다

우리나라에 사는 수달은

밤에 돌아다니며 물고기를 잡아먹어.

물론 물고기뿐만 아니라 새도 먹을 수 있고,

쥐나 가재, 게 등 먹을 수 있는 건 엄청 많아.

그중 제일 좋아하는 건 물고기야.

수달은 새끼를 한 번에 보통 1~2마리정도 낳는데,

4마리까지 낳을 수 있어.

그런데 물고기가 아주 많고 수달이 자랄 수 있는

환경이 너무 좋으면 아주 가끔 새끼를

5마리까지도 낳을 수 있지.

새끼를 키우는 건 쉽지 않아.

엄마 수달 혼자 새끼를 키우다 보면 젖이 모자라 새끼가 죽을 수도 있고,

놀다가 사고가 날 수도 있거든. 그래서 엄마 수달은

물고기가 많은 곳에 살면서 새끼가 잘 클 수 있게 해.

아빠 수달은 엄마 수달과 같이 살지 않아.

아빠 수달은 여러 마리 엄마 수달을 데리고 있어.

그렇기 때문에 엄마 혼자 새끼를 키워야 해.

굴속에서
새끼를 낳아요

수달은 발톱이 강하지 않기 때문에 멋진 굴은 만들지 못해.

모래처럼 부드러운 곳은 만들 수 있지.

그래서 쓰러진 나무뿌리, 하천의 콘크리트 구조물 틈,

바위틈 등을 굴로 사용해.

수달은 태어나서 2년 후에 새끼를 낳을 수 있어.

이렇게 엄마 수달은 새끼를 낳고 키우지만 한 가지 조심할 것이 있어.

수달에게 위협이 되는 무서운 동물을 조심해야 하는데,

이 중에 아빠 수달도 포함돼.

엄마와 떨어져 있는 새끼는 아빠가 다치게 할 수도 있거든.

그래서 엄마 수달은 아빠 수달을 피해 물에서 멀리 떨어진 곳에 새끼를 낳기도 해.

뉴스에서 새끼 수달을 산에서 구조했다는 것을 본 적이 있을거야,

엄마 수달이 아빠 수달을 피해 산에서 새끼를 키우기도 하기 때문이야.

수달 굴 중 가장 좋은 굴은 입구가 2개 이상 되는 거야.

왜냐하면 한쪽에서 수달에게 위협이 되는 무서운 동물이 들어오면

반대로 도망칠 수 있거든.

이렇게 키운 새끼가 엄마를 따라다닐 수 있을 정도로 크면,

엄마 수달은 새끼 수달을 데리고 주변 물이 있는 곳으로 가서

함께 수영도 하고, 물고기도 잡아먹어. 새끼가 수영을 배우면 새끼가

자란 굴을 더 이상 쓰지 않고, 물 주변에 새로운 집으로 이사를 가.

수달은 태어나자마자
수영을 할까?

엄마 수달이 새끼를 낳으면 새끼는 눈도 못 뜨고 다리에 힘도 없어

엄마 품에서 젖만 먹어. 그래서 엄마는 새끼를 돌보느라 밥도 제대로 못 먹어.

아빠 수달은 새끼를 돌보지 않고, 엄마 수달 혼자 돌보기 때문에

엄마는 새끼가 자는 틈에 몰래 나가서 밥을 먹고 돌아오지.

엄마가 없을 때 새끼들은 자기들끼리 놀아.

그러다 엄마가 밥을 먹고 오면 또 엄마젖을 먹고 자.

새끼들은 엄마의 보호 속에 무럭무럭 자라 눈도 보이고,

잘 돌아다닐 수도 있어. 그래도 새끼는 너무 작아 엄마의 보호가 필요해.

14

엄마를 따라다닐 정도로 자라면 새끼는 엄마의 젖과 함께 작은 물고기도

같이 먹어. 한마디로 이유식이지. 이유식이 젖의 양보다 많아지면

이제 엄마랑 같이 나가서 수영을 배워.

수영은 너무 어렵지만, 엄마가 잘 도와주기 때문에 큰 걱정 없이 배울 수 있어.

물이 무서워 못 들어가면 엄마가 새끼를 물고 그냥 물에 넣어버려.

무서워도 이렇게 하면 물에 뜰 수 있고,

만약 가라앉아도 엄마가 물 위로 올려줘서 무섭지는 않아.

수달의 자연생태 위치

수달은 육식동물로 물 생태계 먹이 피라미드의 최고 위에 있어. 이 말이 무슨 뜻이냐면, 수달이 사라지면 수달의 먹이원이 되는 많은 생물이 많아진다는 뜻이야. 언뜻 물고기나 여러 생물이 많으면 좋은 것 아니야?라고 생각할 수도 있는데, 예를 들면 호랑이가 없는 한반도에 멧돼지나 고라니 수가 너무 많이 늘어 사람들이 피해를 입는 것과 같아.

1960년대 미국에 수달과 비슷한 해달이 사는 곳이 있었어. 해달은 주로 조개 등을 잡아먹는 동물이야. 배에 조개를 올려 깨 먹는 귀여운 모습을 많이 봤을 거야. 일본 보노보노 만화가 해달을 모티브로 그려진 거야. 암튼, 해달이 사는 지역의 어부들도 물고기와 조개를 잡아 생활했거든. 해달이 많이 사는 지역은 켈프(아주 크고 긴 다시마)가 엄청 많아 물속의 숲으로 이뤄진 지역이야. 이 켈프 사이사이가 물고기와 조개들이 숨어 살기 좋은 곳이야. 그래서 해달도 풍부한 먹이 덕에 새끼를 키우기 좋아 많은 해달이 살고 있었어. 해달이 많아지니 어부들은 자기들이 잡아서 팔아야 할 물고기나 조개를 해달이 다 잡아먹는다고 생각했어. 실제 어획량도 일부 줄어들었고. 그래서 어부들은 해달이 모든 조개와 물고기를 잡아먹는다고 생각해

서 잡아 죽이기 시작했어. 해달 가죽도 좋은 상품이라 더 높은 수익을 얻기 시작한 거야. 이렇게 죽이기 시작한 지 얼마 안 돼 해달을 볼 수 없게 되었어. 당연히 어부들은 조개가 많아질 것으로 생각했지.

그런데 해달을 볼 수 없게 되자 바다에서 켈프가 없어지기 시작했어. 누구도 이유를 몰랐어. 왜 켈프가 사라지는지. 사라진 켈프 바다엔 물고기와 조개 등 아무것도 없었어. 단지 성게만 가득한 바다가 된 거야. 그래 맞았어. 성게가 켈프를 다 먹어버린 거야. 사람들은 몰랐어. 해달이 조개를 먹기도 하지만 성게도 엄청나게 잡아먹는다는 것을. 성게는 해조류만 먹는데, 켈프 숲이 있는 지역은 성게가 아주 좋아하는 장소였기 때문에 다른 곳에 비해 성게가 많았지만, 해달이 성게를 잡아먹어서 성게 수가 늘지 않았던 거야. 그런데 사람들은 성게를 먹는 해달보다 조개를 먹는 해달을 많이 봤기 때문에 해달을 죽인 거야. 해달이 없는 곳에 성게가 늘었고 그 많은 성게가 켈프를 먹기 시작했고, 순식간에 켈프 숲은 사라지고 아무것도 없는 사막이 되어 버린 거야. 그런 곳에서는 물고기도 살 수 없었고, 어부들도 더 이상 살수 없는 곳이 되었어.

그래서 정부는 부랴부랴 연구를 통해 이러한 문제점을 알게 되었고, 해달을 복원했어. 해달을 복원하였더니 켈프의 개체수가 늘어 다시 물고기가 돌아오고, 조개가 돌아오게 되어 해양 생태계가 다시 복구될 수 있었어. 이제는 해달이 나쁜 친구가 아닌, 같이 사는 꼭 필요한 친구로 함께 살게 되었어.

헉 헉

수달 소리

수달도 다른 동물처럼 소리를 낼 수 있어. 호랑이는 어흥, 오리는 꽥꽥,
수달은 삑삑 하고 소리를 내. 수달이 내는 소리는 꼭 스티로폼 두 개를
양쪽에서 비비면 나는 소리와 같아.

엄마가 새끼를 부를 때나 새끼가 엄마를 부를 때도 같은 소리를 내.

'삑~삑~' 소리가 연달아 나는 경우도 있고, 소리를 천천히 낼 때도 있어.

한소리만 있는 건 아니고 다른 동물을 만난다든지, 사람을 만나서 경계할 땐,

'헉~헉~'하는 소리로 위협하기도 해.

돌고래 울음소리 비슷하게 웃기도 하는데, 새끼들끼리 재미나게 놀 때 웃더라고.

20

사람을 만나면 우선 사람의 눈을 쳐다봐.

눈에서 초록색 빛을 내며 헉~헉~ 하면서 이를 드러내거든.

작은 동물이긴 하지만 직접 맞닥뜨리면 정말 무서워.

어느 정도 거리를 두고 계속 헉~헉~ 거려.

그러다 마주친 눈을 피하게 되면 그사이 사라져 버려.

이 동물들은 계속 눈을 보다 눈의 시선이 벗어나면 바로 도망가거든.

다른 동물과 불필요한 마찰을 피하는 생활방식인 거야.

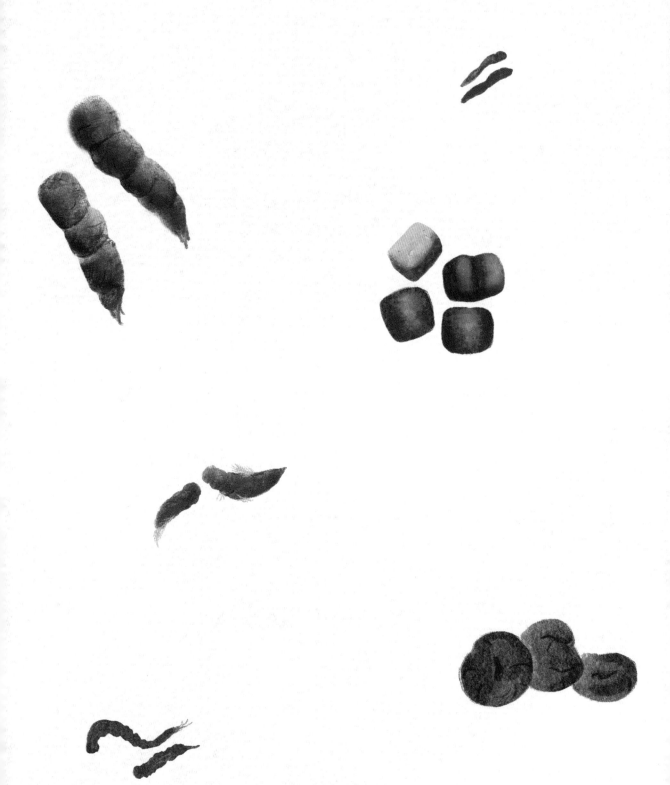

※ 수달 똥은 물고기 뼈가 있거나 비린내가 심해. 특히 육식동물의 똥은 끝 부분이
수달꼬리처럼 부드럽게 좁아지는 특징이 있어.

수달 똥을
찾아볼까요?

다 잘 먹어요

새끼 수달은 태어난 후 3개월이 지나면 엄마 수달이랑 같이 수영을 배우며
스스로 물고기 잡는 연습을 해. 그런데 처음부터 빠른 물고기를 잡는 건
너무너무 어렵지. 그래서 먼저 맛도 있고 빠르지 않은 새우나 게 등으로
잡는 연습을 해. 그러기 위해서는 먼저 잠수하는 법부터 배워야겠지.

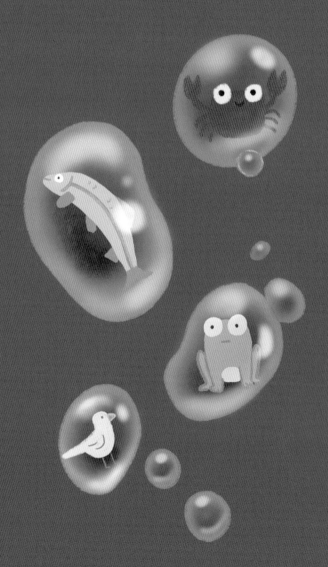

이렇게 먹이 잡는 연습을 하며 무럭무럭 자라면 새끼 수달은 엄마 수달이랑
영역을 지키기 위해 함께 돌아다니며 똥 싸는 연습을 해.

수달은 물고기뿐만 아니라 개구리, 곤충, 쥐는 물론이고 자고 있거나, 부표 위에서
쉬고 있는 새도 잡아먹어. 한번은 밤에 수달 조사를 한 적이
있었는데 바다에 그물을 띄우기 위해 설치한 부표 위에 앉아 있는 왜가리를
수달이 물속으로 끌고 가는 것을 본 적이 있어.
이렇게 죽인 새를 맛있게 냠냠 하는 거지.
일본에서 '갓파'라고 하는 물속 괴물이 있는데,
여러 가지 설 중에 수달이라고 하는 설도 있는 이유가 여기에 있어.

바다에서 새벽에 수달 조사를 마치고 가는 도중 문어 대가리만 남아 있는 것도
보았지. 문어 대가리만 살아서 꿈틀대고 다리는 하나도 없더라고.
아마 수달이 다리만 먹고 먹물이 있는 대가리는 안 먹었을 것으로 생각했지.
그리고 숭어처럼 머리는 큰데 뼈가 너무 두꺼워 먹기 힘들면 머리는 먹지 않아.
그래서 바다나 강에서 물고기 대가리만 있다면
수달이 먹었을 가능성도 생각해야 해.

수달이 좋아하는 물고기

수달은 물고기를 주로 먹는데, 자기 몸무게의 약 12% 정도 먹어야 배가 불러. 수달 몸무게가 7~15kg 정도니까 0.8~1.8kg 정도의 물고기를 매일 먹어야 한다는 말이야. 그런데 새끼에게 젖을 먹이는 어미 수달은 자기 몸무게의 28% 정도를 먹어야 한대. 엄마는 사람이고 동물이고 정말 대단하지 않니?

그래서 수달은 물고기가 많은 곳에 살아. 아주 깨끗한 계곡 상류처럼 물고기가 없는 곳에서 수달이 살 수 없는 이유야. 수달은 큰 물고기보다 작은 물고기를 좋아하는데, 큰 물고기를 잡으려면 너무 빨라서 잡기 어려워. 잡았다고 해도 물속에서 먹으면 또 도망갈 수 있으니, 물가로 나와서 먹어야 하지.

물가로 나와서 먹으면 큰 물고기 한 마리로 배부르게 먹을 수 있어 좋지만, 물고기를 밖으로 가져 나가는 순간, 너구리나 삵, 고양이가 다가와 먹이를 빼앗으려고 위협할 수도 있어. 다른 동물들이 먹이를 빼앗기 위해 다가오면 싸워야 하는데, 수달은 그물도 종이처럼 자를 수 있는 날카로운 이빨이 있지만, 발톱은 무디기 때문에 싸움을 싫어해. 또 수달은 물속에서 생활하기 때문에 싸움하다 상처가 나면 곪아서 죽을 수도 있어. 그래서 수달은 웬만하면 다른 동물과 싸우지 않고 잡은 물고기를 양보하고 다른 물고기를 찾아 물속으로 도망을 가지.

그래서 큰 물고기보다 작은 물고기를 더 좋아하는데, 작은 물고기는 물 위에서 수영하며 먹을 수 있거든. 작지만 빨리 먹고 또 잡아먹으면 되니 훨씬 더 안전하잖아.

수달이 똥을 싸는 이유

수달은 내 땅을 지키기 위해 똥을 싸서 다른 수달이 오지 못하게 해. 똥 냄새가 나면 '여긴 내 땅이니 들어오지 마시오.'라는 뜻이거든. 우리가 우리 집 주변에 담장을 쳐서 우리 집을 표시하는 것과 같아.

수달은 자신의 땅 모든 지역을 골고루 나눠서 똥을 싸는데 냄새가 잘 나고, 잘 보이는 곳에 싸. 그런데 만약 사람처럼 한 번에 시원하게 싸면 어떻게 될까? 다른 곳에 쌀 똥이 없어지겠지. 그래서 물고기를 먹고 똥을 쌀 때는 조금씩 나눠서 싸야 해. 만약 많이 싸면 대문만 만들고 담장은 만들지 못하는 것과 같아. 이런 담장은 매일 만들어야 해. 그런데 수달의 집이 좀 넓어. 몇 킬로미터 정도 하천을 자기 집으로 생각하기 때문에 정말 중요한 곳, 잘 보이는 곳에 똥을 싸지. 이렇게 똥을 싸다 보면 다시 집으로 돌아오게 되는데, 배 속에 남은 똥은 집주변에 싸거든. 나중에는 엄청난 똥탑이 되어 누가 봐도 수달 집이라는 것을 알 수 있어.

수컷과 암컷은 따로 다니는데, 수컷이 암컷보다 훨씬 넓은 지역에서 똥을 싸고, 암컷은 수컷이 똥을 싼 지역 안에 똥을 따로 싸. 그럼 새끼는 어떻게 똥을 쌀까? 어린 새끼는 자기가 지킬 땅이 없잖아. 그래서 한 곳에 똥을 많이 싸. 엄청나게 크고 길게 말이지. 그래서 정말 큰 수달 똥을 보고 큰 수달이 있다고 착각할 때도 있어. 그런데 새끼야. 야생동물은 우리 생각과는 좀 다르지?

수달 똥은 어떻게 생겼을까?

야생동물 똥은 갯과인지 고양잇과인지 혹은 족제빗과인지에 따라 똥 모양이나 냄새가 달라. 그중에서 수달 똥은 특히 다른데, 똥에서 비린내가 나고, 물고기의 비늘과 뼈가 있어 특이하게도 spraint라고 영어 이름도 따로 있지.

그래서 수달 똥은 처음 보는 사람도 쉽게 알 수 있어. 대신에 코를 박고 냄새를 맡아봐야겠지?

수달 똥은 항상 높은 곳에 있어. 무슨 말이냐면 물속에 똥을 싸면 우리 집 담장을 못 만들잖아. 다른 수달이 내 똥을 볼 수 있는 곳에 싸야 해. 그래서 모래가 많은 곳에는 모래를 산처럼 쌓아 싸야 하고, 바위가 있는 곳이면 물에서 봤을 때 물과 가장 가까이 있고, 편하게 올라가며 모두 잘 보이는 큰 바위에 싸야지 어떤 수달이 와도 다 알 수 있잖아. 만약 하천 옆에 풀만 있어서 풀 위에 똥을 싼다면 다른 수달이 알 수 있을까? 알 수 있는 방법은 풀을 모두 없애버리고 그 위에 똥을 싸는 거야. 그래야 다른 수달이 풀이 없는 지역에 올라왔을 때 여긴 다른 수달이 사는구나 하고 알 수 있지.

수달처럼 수영해 봐

수달은 정말 물속에서 빨리 헤엄쳐. 물 밖에서는 뒤뚱뒤뚱 움직이지만

물속에서는 엄청나게 빨리 움직이고, 잠수도 정말 잘해.

발가락에 물갈퀴가 있어서 쉽게 앞으로 나갈 수 있고,

꼬리는 두툼해서 물속에서 쉽게 방향을 바꿀 수 있어.

그래서 다리로 저어서 꼬리만 흔들어도 앞으로 나갈 수 있지.

수달은 아주 깊은 곳까지 잠수할 수 있지만, 너무 깊은 곳에는

물고기가 많이 없어서 물고기가 많은 수심 2m 이내 잠수를 많이 하고,

깊이 들어 갈 때는 수심 8m까지 잠수해 물고기를 잡아.

수달은 물속에서 눈을 뜨지 않아도 물고기가 어디 있는지 알 수 있어.

바로 수염 덕분인데, 물고기가 어디로 갔는지 알 수 있어 쉽게 잡지.

이렇게 수영을 잘하는데도 바다에서는 파도를 무서워해.

파도가 심하게 치면 수달은 파도에 밀려 다칠 수도 있거든.

바다에서 조류를 타고 멀리까지 수영할 수 있지.

34

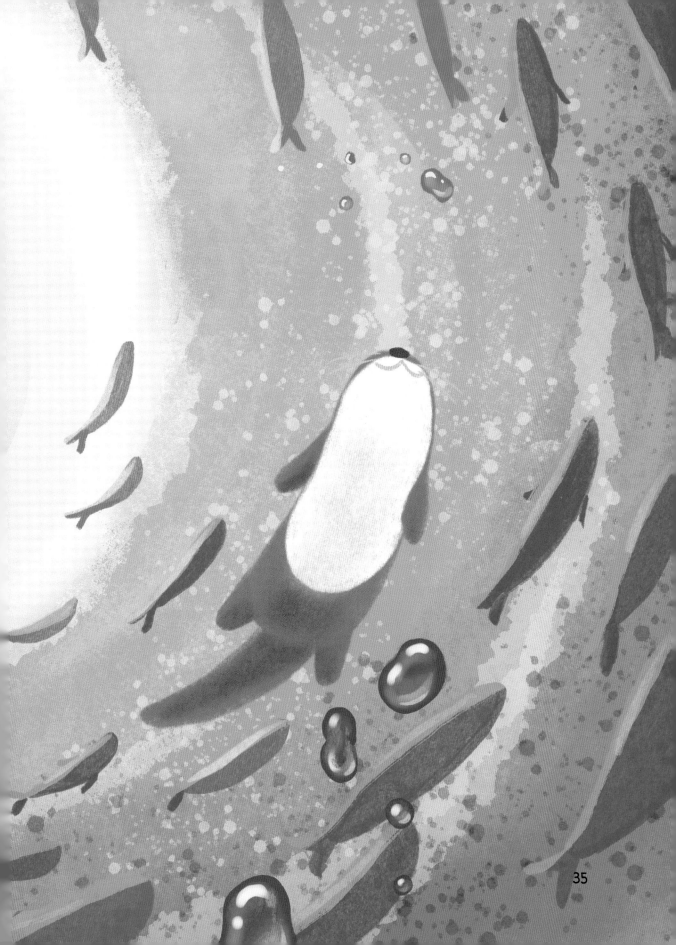

35

수달의 몸 닦는 법

너희들은 바닷가에서 수영한 적이 있니? 오랫동안 수영하면 입술이 파래지며 너무 춥잖아. 그래서 밖으로 나오면 엄마가 수건으로 닦아줘서 몸이 따뜻해지는 걸 경험해 본 적이 있지. 수달도 마찬가지야. 수달이 바다에서 수영을 하면 털 사이에 소금기가 남아 있어서 너무 추워. 그래서 털을 말려야 하는데, 우리처럼 수건이 없어. 그런데 수달 수건이 따로 있어. 바로 모래나 흙이야. 이런 곳에 몸을 비벼서 털 속 물기를 털어 내기도 해. 아니면 그물이나 해조류에 몸을 비벼서 말리기도 하지. 이렇게 털을 잘 말려야 추운 물속에서 맛있는 물고기를 먹기 위해 또 물속에 들어갈 수 있어.

그런데 이 중 제일 좋아하는 곳은 민물이 있는 장소야. 바닷가 근처 민물이 있는 곳에는 항상 수달이 있거든. 바닷물에 들어갔다 민물에 들어가면 소금기가 바로 빠져서 너무 시원하지. 민물에 사는 수달은 모래에서 몸을 말리거나 풀 속에서 몸을 말리면 되지만 바다에 사는 수달은 민물에 한 번 씻고 모래나 풀로 몸을 말려야 해서 좀 귀찮아.

수달 똥은 어디 있을까?

하천에서 수달 똥 찾는 방법은 3가지야. 첫째, 다리 아래, 둘째, 물과 가장 인접한 큰 바위, 셋째, 강가 모래사장에서 강물 쪽으로 가장 멀리 뻗어 나와 주변을 넓게 볼 수 있는 곳(모래톱 또는 모래곶)만 기억하고 있다면 수달 똥 찾기는 쉬워.

수달이 똥을 싸는 이유는 내 땅이라고 표시하는 거야. 그래서 다른 수달들의 눈에 가장 잘 띄는 곳에 똥을 싸야 하는 거야. 앞서 말한 장소가 제일 잘 보이고 오랫동안 똥이 사라지지 않거든. 물이 불어나서 기껏 싸 놓은 똥이 물에 떠내려가 사라지면 다른 수달이 내 땅을 차지할 수도 있잖아.

낮은 다리 아래는 대부분 수달 똥이 있어. 비가 오더라도 똥이 씻겨 내려가지 않고, 다리 아랫부분은 물보다 높아 수달이 비를 맞지 않고 몸을 말릴 수 있는 지역이라 아주 좋아하는 장소거든.

강가에는 모래가 많지. 모래도 많지만, 풀도 많잖아. 풀 속에서는 똥을 많이 싸진 않아. 왜냐면 다른 수달이 내 똥을 볼 수 없잖아. 그래서 다른 수달도 잘 볼 수 있는 모래나 바위에 똥을 싸거든. 강가는 다른 수달이 볼 수 있는 튀어나온 곳에 똥을 싸는데, 튀어나온 곳이라고 해도 다른 수달이 못 볼 수도 있기 때문에 특별한 행동을 해. 바로 모래를 모아서 모래성을 만드는 거야. 그리고 그 모래성 위에 똥을 싸지. 그럼 그 지역에서 제일 높은 곳에 똥을 싸는 거야. 그럼 지나가는 모든 수달이 다 볼 수 있겠지. 마지막으로 바위의 경우 위가 편평한 높은 바위에 똥을 싸. 그렇다고 사람 키만한 것에는 당연히 못 싸겠지. 보통 물보다 조금 위에 올라와 있는 편평한 바위 위에 싸. 너무 작은 바위보다는 수달이 올라가서 쉴 수 있는 바위가 더 좋아.

그래서 강가에서 수달 똥을 찾고 싶다면 튀어나온 곳을 찾아봐. 꼭!

내 물이야, 접근 금지

바다에 사는 수달은 민물이 엄청 중요해. 왜냐하면 몸을 씻어야 하는데, 모래보다 민물이 제일 좋거든. 그래서 수달은 바닷가 민물이 있는 곳에 자기 똥을 싸서 '내 물이야. 아무도 오지 마.'라는 표시를 해. 해안가에서는 파도가 치기 때문에 민물이 만들어지기 어려워. 그런데도 민물이 고이는 경우가 있는데, 비가 내려 갯바위에 민물이 모인 경우, 산에서 아주 조금씩 내려오는 물이 갯바위 사이에 고이는 경우가 있어. 그런데 생각보다 이런 장소가 많아 수달이 몸 씻을 곳이 꽤 있어. 이런 민물은 바닷물과 눈으로 구분이 어려워. 수달은 냄새로 알 수 있지만, 사람은 눈으로 봐서 민물인지 바닷물인지 알 수 없잖아. 처음에 바다에 가서 수달 똥을 찾을 때 그냥 무턱대고 수달 똥만 찾았는데, 찾다 보니 주변에 항상 물이 있는 거야. 그리고 맛을 봤는데, 소금기가 없는 민물이었어. 그래서 민물만 찾았는데 정말 몇 군데를 제외하고는 수달 똥이 민물 옆에 엄청 많은 거야.

바다에서 민물을 찾으면 된다고 생각하고 처음엔 민물이 있다고 생각되는 곳을 찾아갔을 때, 물이 있는데도 수달 똥이 없어서 물맛을 봤어. 퉤퉤… 너무 짠맛이 강하더라고, 이건 바닷물이 올라와서 물이 고여 태양 빛으로 더 짠물이 된 것이었어. 계속해서 갯바위 물 옆에 있는 수달 똥이 있는 곳이면 맛을 봤더니 짠맛이 덜한 민물이 대부분이었던 거야. 그러던 중 하루는 수달 똥을 찾으려고 갔는데. 어휴, 낚시꾼이 오줌을 싸고 있었어. 그 이후로 맛을 보지는 않아. 대신 물이 짜지 않은 물

웅덩이에는 대부분 모기 유충이 있더라고. 그걸 보고 바닷물과 민물을 구별하지. 모기 유충이 바닷물에서는 살지 못하기 때문이야.

한 살이 되면
엄마랑 헤어져

　사람은 태어나고 어른이 될 때까지 시간이 오래 걸리지만, 수달은 그렇지 않아. 새끼는 태어난 후 1년이 되면 엄마 수달이랑 떨어져 혼자 살아야 해. 엄마랑 같이 있고 싶어도 엄마가 새끼를 공격하기 때문에 어쩔 수 없이 엄마에게서 떠나야 해. 그리고 엄마 곁을 떠나 자기 집을 만들어야 하는데, 이게 쉽지 않아. 주변에 다른 수달이 없어야 하고, 만약 다른 수달이 있다면 공격당할 수 있어서 조심스럽게 들키지 않고 그 땅을 지나가야 해. 자기보다 힘이 좋은 수달이 없다면 그 지역을 새끼 수달이 차지하고 똥을 싸서 자기 울타리를 만드는 거야. 그렇지 않으면 아주 먼 곳까지 걸어가서 집을 찾아야 해. 그러다 차에 치여 죽거나 다른 동물과 싸움이 일어나 다칠 수 있어서 새끼 수달은 자기 집을 찾기가 너무 어려워. 우리나라에 수달이 많아지지 않는 이유야.

난, 사람이 무서워

수달은 다른 야생동물과 마찬가지로 사람과 만나는 것을 두려워하기 때문에 주로 밤에 활동해. 뉴스나 인터넷을 보면 종종 사람이 사는 곳에 수달이 나타나는 일도 있는데, 이건 수달이 물고기를 먹기 위해 위험을 무릅쓰고 나타나는 거야.

예를 들어 우리 집에 연못이 있는데, 연못에 잉어나 붕어를 키우면 수달이 들어와 잡아먹는다든지, 배에 물고기가 있으면 수달이 몰래 들어와 물고기를 훔쳐 먹는다든지, 혹은 바닷가 인근 횟집 수족관 안에 있는 물고기를 훔쳐 먹거나 물고기 양식장에 들어와 마구잡이로 잡아먹기도 해. 양식장 주인은 몰래 물고기를 훔쳐 먹는 수달이 미울 거야. 그런데 이렇게 훔쳐 먹는 수달을 직접 보거나, 하천을 걷다가 우연히 수달을 직접 마주치면 어떨까?

사람들은 수달을 보면 가까이에서 관찰하고 싶은 마음에 수달이 있는 곳으로 다가가지만, 수달의 입장에서는 코끼리와 같은 큰 동물이 다가온다고 생각해서 도망칠 거야. 그래서 수달은 사람만 보면 도망치는 거야.

실은 수달도 사람이 어느 정도 다가오면 도망쳐야겠다고 생각하고 그 거리를 아는데, 당연히 거리가 가까우면 도망치고, 거리가 멀면 도망치지 않겠지. 그런데, 이런 거리도 물속에서는 달라. 수달은 사람이 수영을 하면 자기보다 느린 것을 알아. 그래서 뗏목이나 배 위에 있는 수달은 땅 위에 있는 수달보다 조금 더 느긋해. 사람이 아주 가까이 오지 않으면 그냥 신경 쓰지 않고 몸을 말리고, 편하게 쉬기도 해. 이것을 '적응'이라고 해.

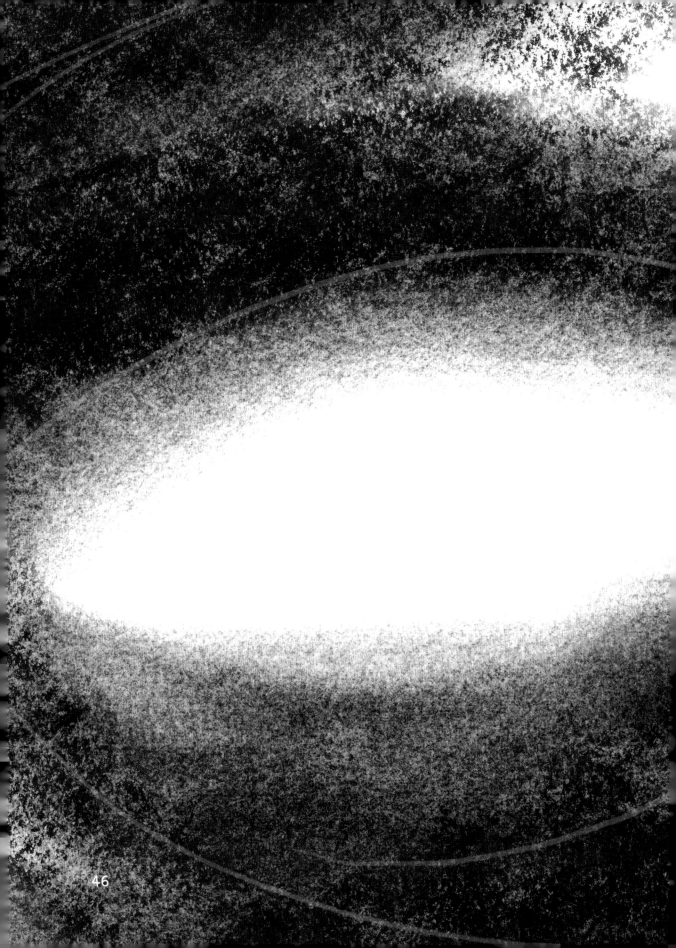

그물에 걸려
못 나왔어요

10살이
되고 싶은 수달

　동물원에 사는 동물은 10년이고 20년이고 살 수 있어. 왜냐하면 먹이를 잡는 스트레스가 없지. 그냥 가만히 있어도 밥을 먹을 수 있기 때문이야. 그런데 야생 동물은 먹이를 못 잡을 수도 있고, 다른 동물과 싸움을 할 수도 있어서 너무 힘들게 살아. 정확히 얼마나 살 수 있는지 모르지만, 죽은 수달을 보면 몇 년 동안 살았는지 알 수 있어. 제일 오래 살다 죽은 수달은 16년 정도였대. 그 외에는 보통 5년 정도밖에 못살았어. 차에 치인 경우도 많고, 감염병, 기생충, 독극물, 익사로 죽은 경우가 있어. 수달이 수영을 잘하는데 어떻게 익사할 수 있지?라는 생각이 들 거야. 그런데 수달은 사람과 마찬가지로 호흡하기 때문에 숨을 쉬지 않으면 죽어. 수달이 숨을 못 쉬는 경우는 바로 그물에 들어갔을 때야. 물고기를 먹으려고 그물 안에 들어갔는데, 나오지 못해서 죽는 거지. 엄마한테 잘 배운 수달은 그물에 안 들어가는데, 엄마 말 안 듣는 새끼 수달은 그렇게 죽는 경우가 있어.

물고기가 없으면 죽어요

수달이 안전하게 사는데 우리가 뭘 할 수 있을까? 이런 생각을 해본 적이 있어? 수달은 우리나라에서 천연기념물 멸종위기야생생물 1급으로 보호하고 있어. 그런데 이것 말고 우리가 할 수 있는 것이 있을까? 수달이 가장 많이 죽는 것은 '로드킬'이라는 차량 사고 때문이야. 수달이 하천을 따라 이동할 경우 다른 수달과 만나는 것을 피하고자 물 옆으로 이동하는데, 이때 이동할 곳이 없으면 도로로 나오거든. 이때 야생동물이 이용할 수 있는 생태 이동통로가 있다면 수달이 죽지 않고 안전하게 갈 수 있지. 또 그물 속에 물고기를 먹기 위해 들어갔다가 그물에서 나오지 못해 숨을 못 쉬고 죽는 경우가 있어. 유럽에서는 그물 입구에 수달이 들어가지 못하게 네모 막을 설치하기도 해. 물고기는 들어갈 수 있지만 수달은 못들어가게 만드는 거야. 또 수달은 물고기를 먹는 동물인데, 물고기가 적어지면 수달이 먹을 것이 없어 너무 어렵게 살거나 서로 싸워. 사람은 물고기 말고도 먹을 것이 많지만 수달은 물고기를 먹지 못하면 죽어. 사람이 수달을 위해서 할 수 있는 것은 너무 많아. 이렇게 여러분이 이 글을 읽는 것도 수달을 지킬 수 있는 첫 번째 방법이야.

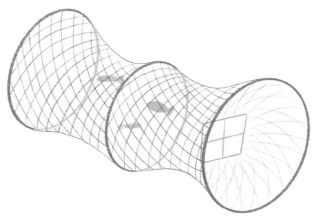

2시간만 시간을 주세요

엄마 수달이 새끼를 낳는 장소는 굴이 무너지지 않는 이상 항상 똑같아. 엄마 수달 혼자 새끼를 돌보기 때문에 하루 종일 붙어 있어야 하지만 엄마 수달도 배가 고프기 때문에 새끼가 잠들면 그때야 먹이를 먹으러 가. 아주 아기 때는 큰 문제가 없지만, 눈을 뜨고 엄마 젖을 많이 먹으면 새끼는 무럭무럭 자라서 굴속 구석구석 돌아다니다가 심지어 밖으로 나오기도 해. 새끼는 사람이라는 존재를 모르기 때문에 사람을 봐도 호기심에 사람 곁으로 오기도 하지. 그런데 사람들은 그런 새끼를 잡아서 키우기도 하고, 구조했다고도 해. 사실 엄마 수달 입장에서는 새끼를 유괴당한 것이지만 말이야.

새끼는 아주 여리기 때문에 사람이 키우기에는 너무 힘들어. 사람들은 새끼에게 우유를 주는데, 사람이 먹는 우유를 먹여서는 안 돼. 더더욱 수달이 물고기를 먹는다고 물속에 집어넣어 버리면 몸이 차가워져서 죽을 수도 있어. 만약 수달을 구조했다면 수건에 싸서 따뜻하게 해 주는 편이 더욱 좋아. 그런데 정말 수달을 구조하고 싶다면 그냥 놔둬야 해. 만지지도 말고. 그냥 귀여운 수달이구나! 생각하고 놀게 놔두면 돼. 정말 새끼 수달이 걱정된다면 그 자리를 2시간 동안만 피해 있어. 그리고 다시 그 자리로 갔는데 계속 새끼 수달이 있으면 구조하면 돼. 새끼 수달이 보이지 않는다면 엄마 수달이 새끼를 데리고 갔을 거야.

일본에는 수달이 없어요

우리나라에 사는 수달은 영국을 포함한 유럽부터 한국과 일본까지, 엄청나게 넓게 사는 종이야. 그런데 일본은 1979년 시코쿠 코치현에서 마지막 수달이 보인 후 한 번도 보이지 않아 2012년 9월 최종 멸종했다고 지정했어.

한국에서는 잘 사는데 일본에서는 왜 멸종했을까?

그 이유는 여러 전쟁을 주요 원인으로 보고 있어. 전쟁을 하기 위해서는 옷이 필요하고, 특히 추운 지역에서는 두꺼운 옷이 필요하지. 그래서 가죽옷을 많이 입었는데, 그중에서도 수달 가죽이 최고로 따뜻한 거야. 엄청나게 많은 수달을 잡아 그 가죽을 벗겨 옷으로 만들었고, 수달의 수는 급격하게 줄어들게 되었어. 물론 우리나라뿐만 아니라 여러 지역에 사는 수달을 많이 죽였지만, 일본에 사는 수달은 얼마나 죽었는지 가늠도 안 돼.

그리고 전쟁 이후, 중공업의 발전으로 여러 가지 피해가 일어났어. 그중 가장 유명한 '이따이이따이병'이라고 있어. 한국어로는 '아야아야병'으로 불러. 얼마나 아팠으면 이름도 그렇게 지었겠어. 중공업의 부산물인 다량의 수은이나 환경호르몬 등이 하천으로 쏟아졌고, 그 폐수가 물고기에게 영향을 미치고, 그 물고기를 수달과 사람이 먹은 거야. 이렇게 먹이 피라미드를 통해 여러 동물의 몸에 나쁜 물질이 축적된거지. 이런 독극물들 때문에 새끼를 낳지 못하고, 몸이 아파서 엄청 많은 사람과 동물이 죽었어.

그리고 일본은 무분별한 개발을 통해서 수달이 쉴 수 있는 곳을 없앴지. 그곳을 사람이 편히 다니는 도로로 만들었어. 수달이 이동해야 할 하천을 콘크리트로 막아서 동물이 하천을 가로지르지 못하게 하고 동물의 집을 없애버린 거야. 결국 이러한 것들이 모여 수달 멸종이란 엄청난 결과를 가져오게 되었어.

1. 수달을 차로 치었어요. 감옥에 가나요?

만약 달리는 차로 야생동물이 갑자기 들어오는 경우, 사람들은 무의식적으로 차량을 돌려 사고를 피하려고 하는데, 이럴 경우 더 큰 사고로 이어져 사람이 다치기도 합니다. 그런데 법률상 갑자기 튀어나온 야생동물을 치었을 경우 사람에게 그 책임을 묻지 않아요. 비록 멸종위기종이나 천연기념물이라고 할지라도요. 그래서 큰 걱정은 하지 않으셔도 됩니다. 그러나 동물찻길사고(로드킬)가 발생할 경우, 특히 법정보호종의 경우 국가유산청이나 해당 지방자치단체 및 유역, 지방환경청 등에 신고하여 사체를 처리해야 합니다.

2. 새끼 수달을 잡았어요. 키울 수 있나요?

먼저 새끼 수달을 잡았으면 따뜻하게 해 주세요. 수달은 물속에서 물고기를 잡아먹지만, 물속에 있을 때는 사람처럼 추워요. 그래서 물속에 물고기와 함께 놔두면 저체온증에 걸려 죽을 수도 있어요.

수달은 환경부에서 지정하는 멸종위기야생동물 1급이자 국가유산청에서 지정한 천연기념물로 아무나 키울 수 없어요. 만약 새끼 수달을 잡았다면 주변 지자체 환경과에 바로 신고하여 안전하게 보호할 수 있는 장소로 이동시켜야 합니다. 그리고 가장 중요한 것은 수달 새끼 유괴는 안 돼요.

3. 물고기를 먹지 않은 수달도 똥에서 비린내가 나나요?

수달의 배설물은 특이하게 생선 비린내가 나기 때문에 냄새로 구분할 수 있다고 했어요. 그런데 물고기를 먹지 않고 쥐나 곤충 등을 먹었을 때도 비린내가 날까요? 당연히 냄새가 납니다. 수달은 물고기를 먹기 위해 물이 있는 곳을 찾는데, 겨울에 활동하던 계곡이 완전히 얼어 물고기를 먹지 못할 경우나 새끼 수달이 어미에게 독립해서 이동할 경우 기존 하천에 수달이 많아 다른 지역 하천을 찾아 이동하는 경우가 있어요.

특히 백두대간이라는 큰 산림 내에서도 수달 똥이 발견되는데, 이때 똥에서 새나 쥐 등의 털이 발견되지만, 냄새를 맡으면 비린내가 나서 "아! 여기로 수달이 이동했구나"라고 흔적을 확인하는 경우가 제법 있어요. 냄새를 맡지 않았다면 담비로 오해할 수도 있지만, 다행히 냄새로 구분이 가능하지요.

4. 수달은 겨울잠을 잘까요?

수달은 겨울철 얼어있는 물속에서도 물고기를 잡아먹을 수 있을까요?

당연히 수달은 겨울잠을 자지 않고 얼음 속에 있는 물고기를 잡아먹으며 생활해요. 수달 털은 3개 구조로 되어 있는데, 긴 털과 중간 털 그리고 촘촘한 짧은 털, 이 3가지 털이 완벽한 방수와 체온이 빠져나가지 않도록 해서 추운 날 물속에서 활동하고 밖으로 나와도 얼어 죽지 않아요. 특히 수달 털은 1㎟당 가장 많은 털 수를 가진 동물로 알려져 있어요.

수달에게는 물고기를 잡기 위해서 정말 중요한 요소 중 하나가 털이에요. 이 털을 관리하지 않는다면 어떨까요? 만약 물에서 나와 털을 관리하지 않는다면 털이

뭉쳐져 보온할 수가 없어요. 그래서 물에서 뭍으로 나왔을 때 몸을 모래나 흙 등에 비벼 물기를 말리고, 털을 골라 체온을 올리는 거예요. 우리도 여름에 바다에서 물놀이하다 나오면 덜덜 떨잖아요. 그래도 몸을 닦으면 그다지 춥지 않은 것과 같은 이치예요.

5. '보노보노'도 수달이에요?

수달은 전 세계에 13종이 살고 있어요. 여러분이 가장 잘 아는 보노보노라는 만화에 나오는 수달도 그중 하나예요. 보노보노는 사실 수달이 아니고 해달이에요. 우리나라에는 살지 않고 북해 쪽을 비롯해 캘리포니아만까지 서식하는 종이지요. 해달은 얼굴이 동그랗게 생겨서 물 위에 둥둥 떠서 다니잖아요. 새끼도 같이 키우고 배에 돌멩이 넣고 다니며 조개를 올려서 깨 먹는 그런 귀여운 친구예요. 그리고 2미터가 넘는 수달도 있어요. 남미에 사는 큰수달이라고 있는데, 아마 다큐멘터리에서 봤을 텐데요. 우리나라에 사는 수달은 혼자 사는 수달인데, 큰 수달은 몸집이 큰데도 집단으로 생활하는 종이에요. 그래서 악어와 싸워도 집단 공격으로 이길 수 있지요.

우리나라에 사는 수달은 강과 바다에서 모두 살 수 있는 유라시안 수달이라는 종이에요. 동쪽으로는 영국부터 서쪽으로는 한국까지 가장 넓게 서식하고 있는 종이랍니다. 개체 수는 엄청 많을 것으로 추측되지만 2차 세계대전 때 수달가죽이 모피로 각광받는 바람에 엄청난 개체 수가 사라졌어요. 일본에서는 현재 멸종되었고, 독일 등 수달이 멸종된 나라에서는 인근 다른 나라에 살고 있는 수달을 이주시켜 복원한 후 보호하고 있답니다.

6. 수달은 왜 물속에서 살아요?

수달은 족제빗과로 한국에서 족제빗과는 수달, 족제비, 쇠족제비, 담비, 오소리 5종이 포함되어 있어요. 족제빗과는 몸이 길고 유연한 특징을 가지는 종이고 대부분 포식자여서 무서운 친구들이에요. 족제비와 쇠족제비는 설치류 등을 잡아먹지만 담비와 오소리는 육식도 하지만 과일을 좋아해요. 수달은 물고기를 좋아하고요.

수달은 물속에서 밥 먹는 것을 좋아하기 때문에 다른 동물과 몸이 달라진 특징이 있어요. 먼저 꼬리가 엄청나게 두꺼워졌어요. 개나 고양이 및 야생동물은 몸과 꼬리를 구분할 수 있잖아요. 그런데 수달은 몸과 꼬리의 구분이 어려워요. 사람이 타는 배와 비유하자면 꼬리가 노의 역할을 해 아주 많이 쓰여요. 그래서 근육이 유선형으로 발달 돼 아주 날렵하게 헤엄칠 수 있도록 변한 거예요. 게다가 앞발과 뒷발 모두에 물갈퀴가 있어 물속에서 물고기보다 빠르게 헤엄쳐 물고기를 잡을수 있지요.

마지막으로 물속에서는 눈을 뜨고 물고기를 잡기 너무 어려워요. 특히 밤에는 아무것도 보이지 않잖아요. 그렇다고 귀로 물고기를 들을 수도 없어요. 그래서 발달한 것이 '수염'이에요. 수염은 물고기가 움직이면서 낸 물의 흐름을 읽는 역할을 하거든요. 그래서 보이지 않는 밤에는 수염에 의지해서 활동하는 물고기를 잡아먹을 수 있지요. 그런데 수달은 물 밖으로 나오면 물속에서 노는 것보다 느려요. 꼬리는 무겁고, 다리는 짧아 뒤뚱뒤뚱 움직이기 때문에 물 밖에서 노는 것을 별로 좋아하지 않아요.

7. 수달을 좀 더 알고 싶고, 수달을 직접 보고 싶으면 어디로 가면 수달을 볼 수 있나요?

한국에는 유라시아 수달 1종이 살고 있지만, 대부분의 동물원에서 보는 수달은 작은발톱수달이에요. 동남아시아에 사는 수달이 대부분이죠. 작은발톱수달의 가장 큰 특징은 무리를 지어 생활하면서 사람과 가까이할 수 있어서 수달을 이용한 어업활동도 가능해요. 이런 종류 말고 진짜 한국에 사는 수달을 보고 싶다면 강원특별자치도 화천에 있는 한국수달연구센터에 가면 돼요. 강원특별자치도 화천군 간동면 간척월명로에 있는 한국수달연구센터는 수달만을 위한 연구시설로 야외 수달 공원이 있어 수달을 키우고 연구하는 센터예요. 언제나 수달을 볼 수 있으니 꼭 가보세요.

수달이랑 꽁냥꽁냥

ⓒ한창욱, 김남형

초판 1쇄 발행 2025년 3월 4일

글 한창욱, 김남형
그림 김수연

펴낸이 서연남
펴낸곳 (주)도서출판 이음
책임편집 원상호
편집 권경륜
디자인 정아진 박미나 김다슬

주소 강원특별자치도 원주시 흥업면 한라대길 28 창업보육센터 203호

전화 033-761-3223   **팩스** 033-766-8750

전자우편 iumbook@naver.com

ISBN 979-11-988637-2-0